気が付けばデブ猫
ニャン吉のぐ〜たら日記

ビビック 著

恒星社厚生閣

CONTENTS

4	登場人物紹介	
5	運命かもしれません	
7	おめぇの額は‥‥	2006年4月20日(木)
8	微妙な体勢	2006年4月27日(木)
10	ロボ	2006年4月29日(土)
12	これを置いたのは誰だ	2006年4月30日(日)
14	はじめてのお風呂―由美かおるを目指して	
		2006年5月14日(日)
17	し、舌が!?	2006年5月16日(火)
18	岩の如し	2006年5月17日(水)
20	やっと‥‥	2006年6月13日(火)
22	腕枕	2006年6月30日(金)
24	とんがってます――カツラでバージョン1	
		2006年7月3日(月)
26	扇風機の精が見えるんです	2006年7月13日(木)
28	ボロ雑巾にする気か?	2006年7月21日(金)
30	冷たいんですよね、これ	2006年8月2日(水)
32	鷹になれるか?	2006年8月3日(木)
34	即席変身グッズ	2006年8月7日(月)
36	カツオ、おっさんに狙われる	2006年8月11日(金)
38	おめぇの正体はっ!	2006年9月2日(土)
40	猫の手は‥‥	2006年9月5日(火)

42	別荘―賀茂なす	2006年9月11日(月)
44	耳の穴	2006年9月13日(水)
46	寂しい男	2006年9月15日(金)
48	男のロマン	2006年9月19日(火)
50	カツラでバージョン2	2006年9月23日(土)
51	カツラでバージョン3	2006年9月25日(月)
52	アレはどこだべさ!	2006年9月27日(水)
54	邪魔	2006年10月4日(水)
55	ついに発見かっ!!	2006年10月5日(木)
56	男達のプライド	2006年10月9日(月)
58	獲物獲得物語	2006年10月16日(月)
60	男の歌	2006年10月21日(土)
62	ニャン吉の1日	2006年10月25日(水)
64	コタツの悲劇	2006年10月27日(金)
66	愛しのアレ	2006年11月8日(水)
68	お怒りモードなワケ	2006年11月14日(火)
70	座椅子争奪戦	2006年11月15日(水)
72	マタタビ中毒	2006年12月7日(木)
74	三角関係?	2006年12月13日(木)
76	はじめてのお散歩―出逢ったあの場所へ	
		2007年1月22日(月)
78	あとがき	

登場人物紹介

ニャン吉

雑種 体重7kgの完全室内飼い猫。人間年齢でおっさん。寝る、食べる、鳴くのが特技。ダイエット食を一日二回、おやつは与えず、たまにマタタビでこの体型……

夫婦

ピピック

ブログ『気が付けばデブ猫』のオーナー。
10歳上の旦那、ニャン吉と共に暮す主婦。
(ペンネームは小学生のときのあだ名に由来する)

旦那

ブログ『気が付けばデブ猫』のサブキャラ的存在。

運命かもしれません

| おめぇの額は･･･ | 2006年4月20日(木) | |

ずり落ちそうに見えるでしょ？
結構しっかりキープしておりますよぉ。
しかし何なの！？この絶妙なバランスは！！

中身もちゃんと入っているのに、
この角度で落ちないなんて……。
額に吸盤でも付いてんじゃねぇの？
おめぇ……この一発芸で全国を回れるんでないかい？

微妙な体勢

中途半端な体勢ですな‥‥

横になって野球中継を見てるお父さんみたいだな
隣にあるコップがワンカップ酒に見えてくるよ。

2006年4月27日(木)

その腕の不自然な
モッコリは何なの!?
力こぶ?
なわけないかぁ〜。

も、も、もしかして
脂肪ぉぉぉ？

私　「おめぇ、そんな細い腕まで脂肪が付いてんの！？」
ニャ「飼い主に似ると言いますから」
私　「そうそう、私の二の腕もタプンタプンしちゃって‥‥
　　って、もう一回言ってみろーー」
ニャ「乗りツッコミ、まだまだだな‥‥」

ロボ

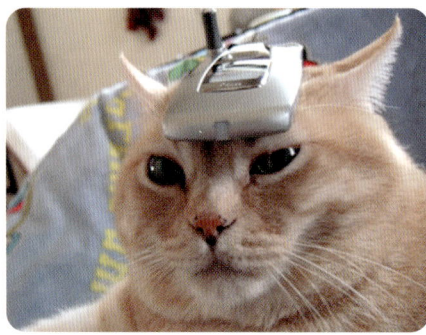

ケータイを乗せてみたところ……
まるでロボコップじゃんっ！！！
カッコイイよぉ～♪

いつもより凛々しく見えますぞぉ。

いつもより男らしく見えますぞぉ。

2006年4月29日(土)

はっ！ アンテナが出てきました！
誰かの助けを求める声でも
受信してるのかしらっ！？

これを置いたのは誰だ

誰だ——、コタツの上にこんな大きな花瓶を置いたのはっ！
邪魔でしょうがないじゃないのさ。
再放送のドラマが見えないし。

この花瓶は何とも不格好な形をしとりますなぁ。
これを選んだ人はセンスゼロだな、重そうだし。
まぁ、安定感があるから倒れる心配はないか。
あら？

2006年4月30日(日)

はっ！ ニャン吉さんでしたか？！

ギロッ

ひぃぃぃぃー

私　「か、花瓶ってジョークですよ、ジョーク、ね？（汗）」
ニャ　「シッ！ドラマを見てるんだからさぁ、静かにしてくれるかい？」
私　「おめぇも見てたのか！」

はじめてのお風呂—由美かおるを目指して

ニャ「お湯なんて出して何するつもりや!?」
私 「今日は、ニャン吉をお風呂に入れようと思いまして」
ニャ「なにっ！？」

旦那「まずはかけ湯から」
ニャ「ちょ、ちょっと待てー！心の準備があぁぁぁぁぁ」

旦那「じゃぁ湯船に浸かりましょうか」
ニャ「ひぃぃぃぃ」

ニャ「っておい、これ、タライちゃうんか？」
私 「そ、そうとも言いますか」 ギクッ

2006年5月14日（日）

私　「まんざらでもない顔してるじゃないのさ」

旦那「お背中、流させて頂きます」
私　「おじいちゃんの背中を流してるみたい」

私　「どうです？気持ちが良いもんでしょ」

ニャ「まだ背中に泡が残ってるんやけど」

はじめてのお風呂 — 由美かおるを目指して

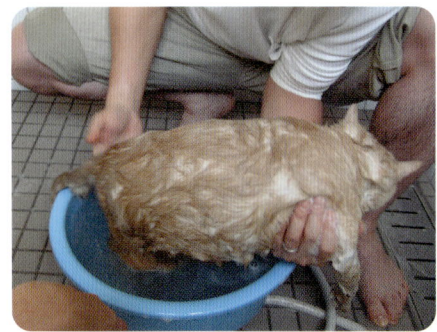

旦那「くっ、もう腕が限界です！重いっ」
私　「アザラシのようですな」ボソッ

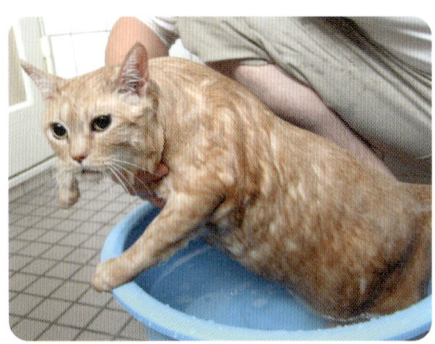

ニャ「‥‥」
私　「もうされるがままですか」

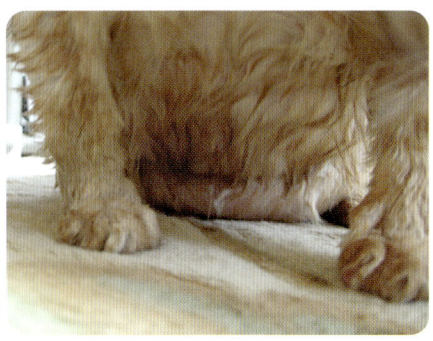

私　「お、お、お、お腹がっ！？」
ニャ「え？どないなってるん？」
私　「あっ、いや、えー、見てはいけないものを見てしまった感じです」

し、舌が！？ 2006年5月16日(火)

しまい忘れて寝ちゃってるよぉ！

今日はいつもより出てますなぁ。

猫だから可愛いけど、人間が舌出して寝てたら引くね。

岩の如し

じ〜

じ〜〜

じ〜〜〜

2006年5月17日(水)

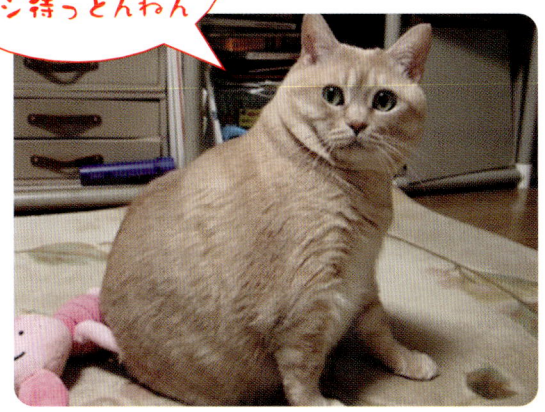

 やっと‥‥

私　「あ〜、アレは今日午前中　お休みが出来たんでやっとこさ片付けたんですよ」

私　「スッキリしたでしょぉ？」

2006年6月13日(火)

私　「そ、そこまで落ち込まなくても」

私　「また冬になったらお会い出来ますから‥‥」

腕枕

今日も寝ております。
気持ち良く寝てるおっさんにスッと手を入れてみました。
あっ、
やっぱし起きたね。

あっ！おっさんに手を捕まれちまった！
こりゃぁ猫キックが炸裂するかぁ！？
ひぃ—！

ガシッ!!

あら‥‥寝た？
おっさんに意地悪するつもりが、ちょうど良い抱き枕にされちまったね。

2006年6月30日(金)

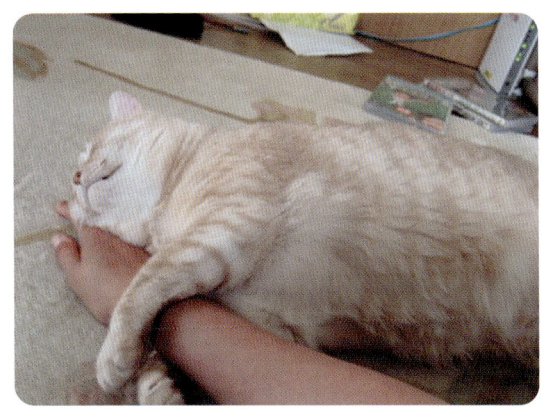

よっぽど眠たかったんだねぇ。

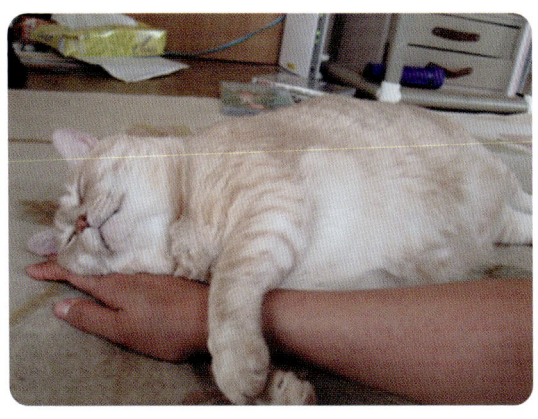

ムムム、こんな顔で寝られちゃぁ身動きがとれない……。
まさに「ミイラ取りがミイラになる」かぁ？って違うか（笑）。

とんがってます──カツラでバージョン1

今日もブラッシングで大量の毛が抜けたのでカツラを作ってみました♪
リーゼントニャン吉
完成！！

おぉ！
ジャストフィットしてるよぉ。

私 「えぇ、本物のツッパリ野郎みたいです」
ニャ「カツラしてるように見えないかい？」
私 「自毛で作ってますから大丈夫です」
ニャ「こんなイカしたワシに子猫ちゃん達もメロメロだな（ニヤニヤ）」

どう、似合ってるかい？

2006年7月3日(月)

襟足が浮いてる……。
これじゃぁ、カツラだってバレバレじゃんかっ！

カ、カツラが ───
※風の強い日、スポーツ又は寝転がる場合はこのカツラはお避け下さい。

扇風機の精が見えるんです

この季節‥‥扇風機の妖怪、あっ、いや妖精が出現します。
このデブ気味の妖精、上手いこと扇風機を使いこなすんだわ。
肘掛けにしてみたり、枕にしたり、もたれ掛かったりと。
さすが扇風機の精だね、バリエーション豊かだもの！

2006年7月13日(木)

でもねぇ、**このデブ妖精は余計な事するんだよなぁ～。**
ある時は暑くて扇風機を"強"にして涼んでると、
何故か"弱"になるのよ。
またある時はクーラーが効いてて扇風機の風が寒いな、
と切ると急に"強"の風が吹くのさ。
犯人は‥‥あいつよ、おっさん妖精よっ！
巨体を動かす拍子にスイッチを押すんだろうねぇ。

頼むからジッとしとれ、**な？**

おめぇ、**聞いてねぇだろっ！**

ボロ雑巾にする気か？

湿った使用済みのバスタオルで遊ぶデブ猫。
えらい気に入ってるようですな。
抱え込み、噛みつき、猫キックとオンパレードじゃないのさ。
見てるだけでタオルが痛々しいよ。

ピタッ。

旦那の操るネズミのオモチャに
ロックオン！

2006年7月21日(金)

ジーーー。

ぐわっ
荒々しいねぇ。

私 「えっ、もう終了!?早っ」

ふぅ〜

冷たいんですよね、これ

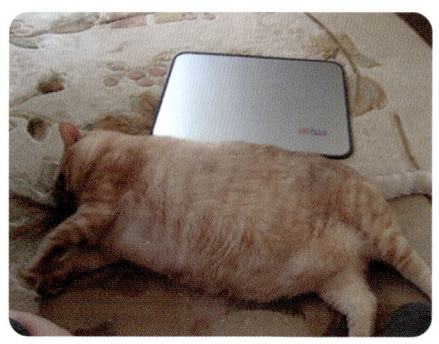

近所のホームセンターで「ひんやりアルミボード」とやらを買ってきましたよぉ。
ささ、どうぞ！乗ってごらんなさいな♪
あらら、ニャン吉には少々って言うか、だいぶ小さすぎたね。

ほら、ね？
冷たいよぉ〜、ひんやりするよぉ〜。伸びも気持ちイイだろうけどさぁ、このボードもなかなかイイと思うよぉ。

無理矢理、下に割り込ませてみました。

サ、サイズが……。

2006年8月2日(水)

お、おい！何、よけてんのよっ！
わざわざ転がってまで避けることないでしょうが——！
せっかく買ってきたんだから、寝てくれっ！
てか寝て下さい！！

……。
このひんやりボードでは寝てくれないのかい？
そんなに扇風機がイイのかよっ！

鷹になれるか？

ネズミのオモチャを狙うデブ猫。
真剣な顔ですなぁ。
もうじき、お尻フリフリ臨戦態勢にはいりますよぉ。
あのフリフリがまた可愛いんだわ♪

あ〜、捕まっちまったか、チッ。
ネズミを放しなさいったら。
放さないと遊べないでしょうよ。
バカだねぇ〜（笑）

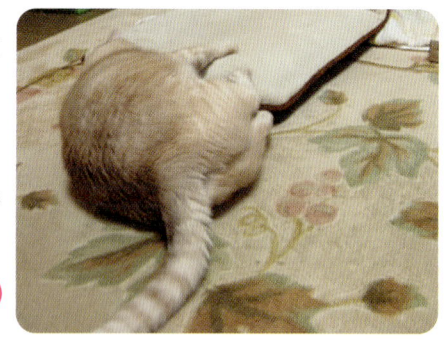

次は机の下から狙っております。

2006年8月3日(木)

「ネズミの行動、見破ったり！」っていう顔してますな。

はい、来た来た来たー！
デブ猫っつってもなかなか運動神経はイイでしょ？
やる時はやるんですぞぉ。
能ある鷹は爪を隠すということわざがありますが、
おっさんの場合……能あるかどうかは置いときまして
おめぇは隠し過ぎだってのっ！！

即席変身グッズ

ゴミと化した音楽ＣＤのカバーが大量に我が家にありまして、このまま燃えないゴミに出すのは「もったいねぇ！」と貧乏魂が燃え上がり、再利用方法を考えてみました。

私　「ねぇねぇ、変身してみない？」
ニャ「またかい？」
私　「いえいえ、今までの様なニャン吉の頭に物を乗せて変身！なんてのはしませんよ。ジッとしてもらうだけでイイですから」
ニャ「そうかい？じゃぁ～変身してみっか？」
私　「ニヤ」

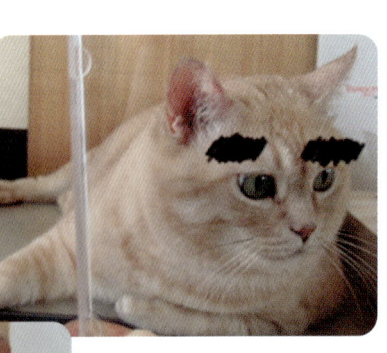

『ゲジゲジ君』
ずれちゃってますが。
ニャ「……」

『陽気なおっちゃん』
ストレスゼロの顔だな。
ニャ「……」

2006年8月7日(月)

『熱血教師』
一歩間違えると、
ビートたけし
ニャ「……」

『パイロット』
映画「トップガン」のトム・クルーズも顔負けだぞぉ！
ニャ「おい……ワシはホントに変身してるのかい？ちっとも変わってないけども」
私　「大丈夫です。読者の方は、バッチリおっさんの変身姿を堪能されてますからっ」
みなさんもお試しあれ〜♪
この記事の写真を編集してると、後ろで見ていた旦那が一言。
旦那「ＣＧとかにすれば早いんじゃないの？とってもアナログだね」
私　「……バ、バ、バ、バカだねぇ。そのアナログが味があってイイんじゃんかよ！」

カツオ、おっさんに狙われる

カツオのタタキに首ったけのデブ猫。
普段、ご飯中は机の下で興味ゼロで寝てるくせに魚系には敏感だな。

旦那

頭の上で行ったり来たりするカツオを無言で追いかけております。
おっさんの口の中は唾液がジュワァ～と出てるんだろうね。

ニャアァァァァ～❤

しっかり旦那の顔をみて鳴いてるよっ！
これは世の女性が気のある男性を射止めるためのテクニックではないかっ！
おっさん、恐るべし……。
今にも小悪魔に負けそうな勢いの旦那……。

2006年8月11日(金)

ヨシ、まだ残ってるな……

旦那の膝の上に乗るフリをして机の上の獲物を確認しております。

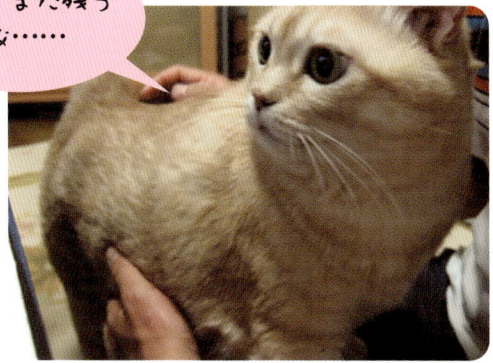

「もうカツオには興味ないから、ささ食べて食べて！」
みたいな体勢だけどさぁ、
「**スキあらば頂いてやるぜっ**」と、後ろ足が物語ってるよ。

※ ちなみにニャン吉は自分のご飯（カリカリ）以外、間食はさせないので、今回も食べる事は出来ませんでしたぁ。
　 私がいない時にコッソリあげてる旦那を目撃したりしますが……。

おめぇの正体はっ！

最近はずっと机の下か押入れで寝ているデブ猫。
私ね、ずっと思ってたんですが……。
ホントはおめぇ猫じゃねぇーんじゃねぇの！？
ってコトですよ。

私が思うにですね、
地球を征服しにきた
ちっちゃい宇宙人が猫型ロボットの中で操作をしてるか、
人間のちっさいオヤジが猫のヌイグルミを被ってるか、
どっちかだと思うんですわ。
2枚目の写真なんてさぁ、昼寝中のそこら辺にいる人間のお父さんだもの。
うっかり「お父さん、掃除の邪魔だからどいて下さいなっ」
と言っちゃいそうな勢いですぞぉ。

2006年9月2日(土)

それに奴は日本語が分かるとみたっ！
夫婦で会話中、「ウニャ」と勝手にあいづちを打つしさぁ～。
「ホントは人間の言葉が分かってんだろっ！？」って、ニャン吉に問いかけたら
あからさまに目をそらすしさぁ～。

どうも、怪しいと思ってたんですよぉ。

ほら、こうだもの……。

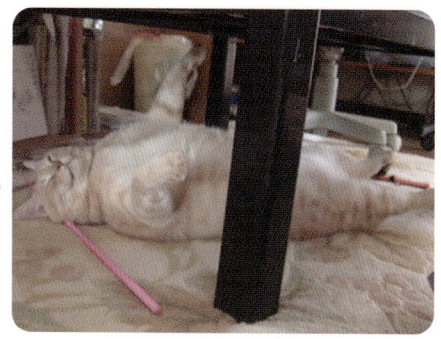

猫の手は‥‥

洗濯物をたたんでると現れるおっさん。
只今、旦那のパジャマのズボンを襲撃中。
すっごく邪魔だわ…。

私 「たたんだ洗濯物がメチャメチャじゃないかよっ！
こっちは忙しいんだからさぁ、邪魔すんでないわっ！！」

ヨシッ、猫の手を貸したろっ！これか？これを手伝おかっ

私 「あっ……、いやっ！あぁぁぁぁぁぁ」

2006年9月5日(火)

オラオラオラオラオラァァァァ

私　「‥‥‥‥」

ニャ「ふぅ〜、こんなもんかな」
私　「何が？乱し具合がか？」

別荘―賀茂なす

豪快に入るのはイイけどさぁ、その体勢はどうだろう。
動けないよねぇ。おめぇは何がしたいんだい？

この段ボールがえらく気に入った様子のおっさん。
でもさぁ、首が苦しくないかい？見てるこっちがしんどくなるよ。

で、ひと工夫してみましたよぉ。
首の部分が入るようにU字にくり抜いてみました♪
イインでないかい？これで首がグキッとならないでしょっ！

2006年9月11日(月)

でも、この段ボール。日に日に崩壊していっております。

こりゃ ——！
　　止めれ ——！

この野獣と化したおっさんを誰も止められない。

体の半分が出てますけど！？それって意味ねぇんじゃねぇの！とツッコミたくなりますが……本人は良いようで。

別館ー発泡スチロール製。こちらは屋根つき。

耳の穴

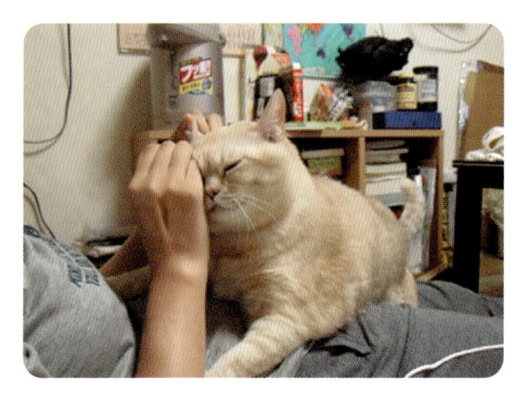

耳かきされるデブ猫。
わたくし、自分の耳掃除も好きなんですがね、ニャン吉の耳掃除も好きであります♪
ニャン吉の場合は耳かき膝枕ならぬ、耳かき腹布団っ！！

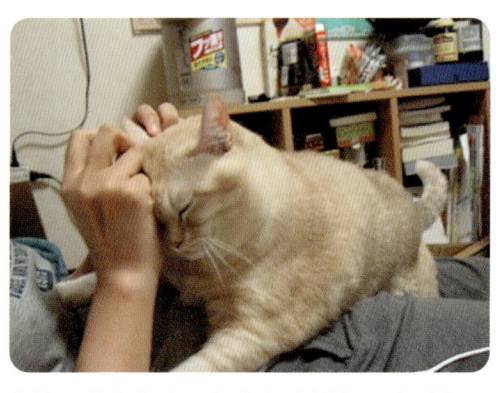

おやおや、お客さん、なかなか汚れてますなぁ。
耳かきマニアにはたまりませんぜ♪　ウヒョヒョ

2006年9月13日(水)

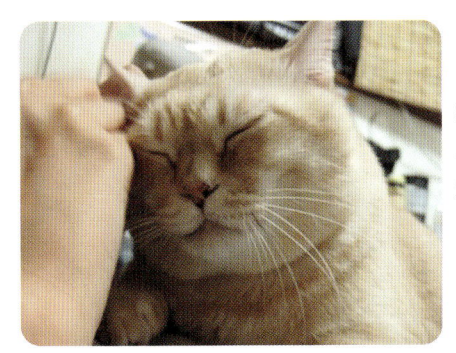

このウットリ中のおっさんの顔っ！
相当気持ちがイインだろうねぇ。
私だったら目と口がだらしなく半開きの状態になるけど、猫はさすがにそれはないな。

猫の耳の穴は複雑ですからな。あまり深追いしないようにっと。

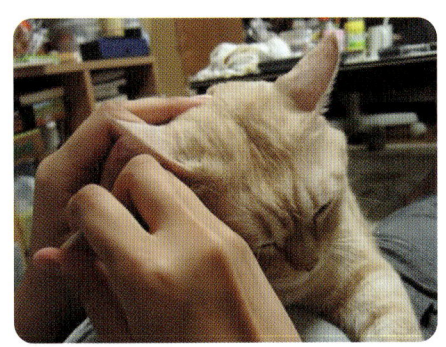

私　「はい、終了〜」
ニャ　「え!?もう終わりか？」

45

寂しい男

飽き性の旦那が何を思ったのか、
「俺はキャッチボールがしたいんだっ！」
と少年みたいなコトを言うもんだからトイザらスでグローブを格安で購入〜。

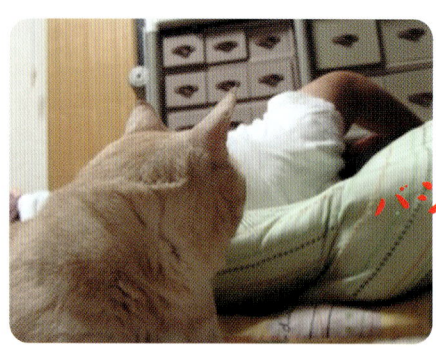

バシッ バシッ

バシッ

旦那

しかし、キャッチボールの相手がおらず、一人で空中に投げて遊ぶ旦那。
名付けて「一人重力キャッチボール」

2006年9月15日(金)

バシッ バシッ バシッ

旦那

私　「何が楽しいのかねぇ……」

バシッ バシッ バシッ

寂しい男…

ず～っと一人キャッチボールする旦那…
見ていて痛々しいよ。
ニャ「誰かあいつを止めてくれ」

男のロマン

> ワシ、飛びたいんや、スーパーマンみたいに空飛びたいんやっ!!

私 「お任せ下さい。」

おぉお、きたきたきた——

旦那 「うりゃぁぁぁぁ！ くぅっ、重い……」

2006年9月19日(火)

私　「どうですか！」

ニャ「何か違う……ワシ、騙されてるか？」

ギクッ

カツラでバージョン2　　2006年9月23日(土)

ブラッシングで大量に出たおっさんの体毛でまたまた作ってみましたよぉ。
今回は**アフロに挑戦！**
……。
アフロって言うか……
きな粉おはぎ？

ユッサユッサと不安定だったので、フィット感をもたせようと襟足を伸ばしたところ、**オオカミカットになっちまった──。**
アフロ感ゼロ……ガクッ。
むぅ〜、アフロヘアー、あなどれんな。

しかしまぁ、良く着こなし……ではなくて、被りこなしておりますなぁ。とっても自然だもの。

70年代のアメリカ少年みたいだわ。
ウエスト・サイド・ストーリーに出ててもおかしくねぇな。

カツラでバージョン3　　2006年9月25日(月)

前回に引き続き、カツラパート3！
モヒカンに挑戦してみました～。
……微妙だわ。
モヒカンって言うよりも……ニワトリのトサカ？ 
ニャ「おぉぉ！ロッケンロールのモヒカンか！？」
私　「は、はい……」
ニャ「ワシ、ああいうイカした頭をしてみたかったんだよねぇ」
私　「……」

どう、似合ってるかい？ハードだろぉ。

私　「え、ええ、そうですね……」
ニャ「どれ、ワシのモヒカンスタイルでも見ますかなぁ、鏡っと♪」
私　「……（ビクビク）」
ニャ「**な、な、何じゃこりゃぁぁぁぁ**」

こんなもの！こうしてくれろわっ！？

ニャ「あぁ～あ、ガッカリだ……こんなのモヒカンじゃねぇっつうの」
私　「あわわわわ」

アレはどこだべさ！

本日も寝ると言う名の仕事をしているおっさん。
この顔！いい仕事してますなぁ、ダンナぁ。
ご苦労さんです。ペコリ

私ね、気になってた事があるんですよぉ。
ネットか何かで見たんですがね、それは……。
「猫にもおへそがある!!」んだそうで、おへその部分の毛がないらしい。
今が絶好のチャンスですよ。おっさん猛烈に仕事してますから。

2006年9月27日(水)

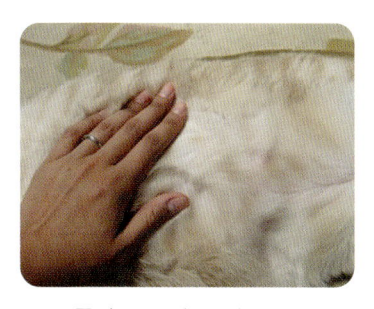

では早速、調査開始！
サワサワ
どの辺りでしょうなぁ。
やっぱりお腹の中心かしら？
おぉ！これか ―― ！？

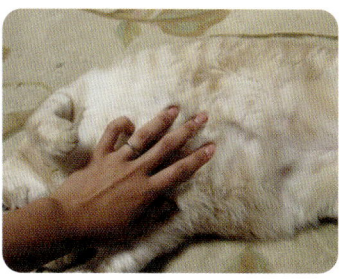

乳首かや〜。　チッ
むぅ〜、意外と見つからないもんですなぁ。
はっ！！！

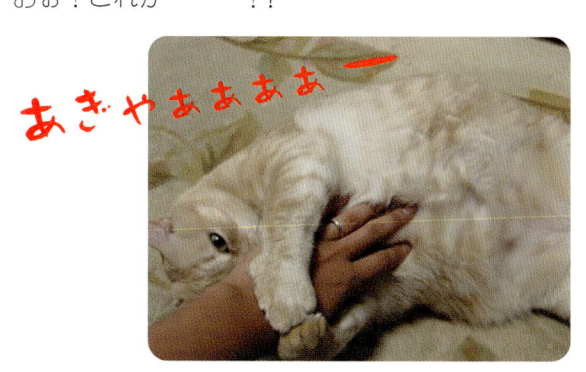

あぎやぁぁぁぁぁ

わ、わ、わかったから、その剥き出しになった爪をしまってちょぉぉぉ。
ひぃぃぃぃ〜　　ガクッ
ヘソ調査に向かったビビック隊員、おっさんのゲキリンに触れ失敗に終わる……。

🐱 邪魔　　　　　　　　2006年10月4日（水）

旦那

書き物をしていると必ず邪魔しにくるデブ猫。おめぇが見たって分かんないだろぉ？

旦那

そこー！ 男二人イチャイチャするでないわっ！！

そうそう、お尻を向けなさい、お尻をね。

シャカシャカ

旦那「わわわわー」
私　「クックック」
最後まで邪魔するおっさんなのでしたぁ。

ついに発見かっ！！　2006年10月5日(木)

以前から薄々感じていた『ニャン吉宇宙人説』。
今まで「チャックがあるんじゃねぇのっ？」と
背中を探してたんですがね、
わたくし、探す場所を間違っておりました。
(チャックって言い方は古いか　笑)

も、もしや！

こ、これじゃないの──！？
どおりで背中を探しても無いワケですなぁ。
お、お、お、お、おめぇ、やっぱりっ！？

男達のプライド

さぁ～、始まりました無差別格闘技戦！こちらビビック家から中継しています。

さっそく両者にらみ合っております！！
ニャン吉選手、鋭い目でパンダを威嚇しています。
目をそらすパンダ。
さぁ、どちらが先に仕掛けるのでしょうか。

おっとぉ！

おっさんの希望の星、ニャン吉選手！
得意の噛みつき攻撃が炸裂しています。

もがけばもがくほど鋭い牙が食い込んできますからねぇ、私もあの攻撃に何度ギブしたことか……。考えただけで身震いします。
パンダは耐える事ができるでしょうか！？

2006年10月9日（月）

おやおや、ニャン吉選手はどうしたんでしょうか？
相手に背中を見せておりますねぇ、やる気を失ったんでしょうか？
乙女心と秋の空ぐらい急にコロっとやる気がなくなりますから。

っと見せかけて**バックドロップだーー！**
背中を見せ相手を油断させる、何という卑劣な技なのでしょう！？
セコい！セコ過ぎです！

獲物獲得物語

ニャン吉が旦那の膝の上に乗り、一点を見つめる。
こうなる原因はただ一つしかありません、それは‥‥
好物の刺身が宙を舞うからであります！

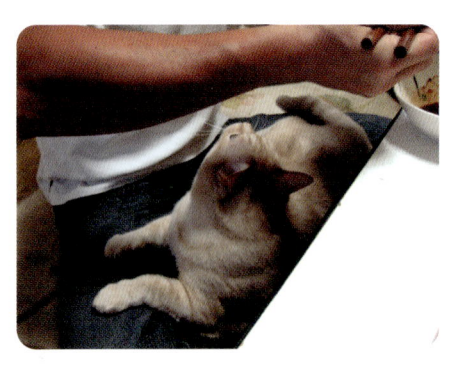

早速、獲物をゲットすべく行動に出ましたぞぉ。

作戦①
目で追ってみるおっさん。
平常心を装ってますがおっさんの口の中は唾液でイッパイのはず。

2006年10月16日(月)

作戦②
可愛く鳴いてみるおっさん。
顔が必死すぎて怖いよっ！

何だかなぁ〜
……

今日も刺身ゲットだぜ作戦、失敗に終わる‥‥。

男の歌

今日はみなさんに聞いてもらいたい歌があります。

おっ、どした

♪
それでは、聞いてください……。
俺の心はハングリー ♪

ほぉ〜、
聞こうじゃないかっ！

ウゥ〜 ♪
♪ ウゥ〜
ワン、ツッ、
ごはんは朝、夕の2回だけぇ〜

バラードかい？
渋いねぇ〜。

2006年10月21日(土)

俺にもっと食わせろー

もっともっと

食わせろー

ハードロックかよっ!!

ワーオッ!

心の叫びだね……。

ニャン吉の1日

朝ごはん
毎朝、「ご飯くれ〜」
の声で起こされます

日なたぼっこ

食べたら、また、寝る…

5:00　　　　　　7:00　　　　　　　　　11:00
起床　　　　　　トイレ

う〜〜〜ん

ストーカー行為
掃除、洗濯、トイレ
まで、私にベッタ
リとくっついてき
ます

2006年10月25日(水)

ベッド、ソファーをハシゴして寝る

リビングでうたた寝

| 16:30 | 17:00 | 17:30 | | 23:00 |

夕ごはんの催促　夕ごはん　爪とぎ　　　　　就寝

爪とぎ〜

猫じゃらしで軽く運動

コタツの悲劇

我が町にも冬将軍の足音が段々と大きくなってきたので、コタツのヒーターを出してきましたぁ～。
旦那が独身時代から使っている年季のはいったコタツ君。

私　「幾分古びてるけど、今年も頼むよぉ～！」
ニャ「良い仕事してくれたまえっ！！」
え～、では試運転でもしましょうかね。

ポチッとな……　**え、え、えぇぇぇぇぇぇぇぇ**

二つ点灯するハズのヒーターの管が……、
片方しか付いてねぇじゃんかっ！
コ、コタツ君が
故障してるよ ―― っ。
ニャ「どう？良い感じかい？」
私　「あのですね……故障してます……」

2006年10月27日（金）

えっ！？

ニャ「マジですか ——— ！！！！」

ガーン

おっさんにはショックが大きかったようです。
ニャ「ワシ、ストーブ出すまで生きていけるんやろか（ボソッ）」
私　「いやいや、ヒーターだけ売ってますから」

愛しのアレ

えぇ〜、今回はですね、お風呂上がりのTシャツパンツ男が出てきます。
オンパレードです！ってかニャン吉より目立ってますからっ！！
ご注意くださいませぇ〜。

我が家もストーブを出しましたぞぉ！
さっそく確認係のニャン吉の登場〜。
厳しい目で旦那の作業を見守っております。

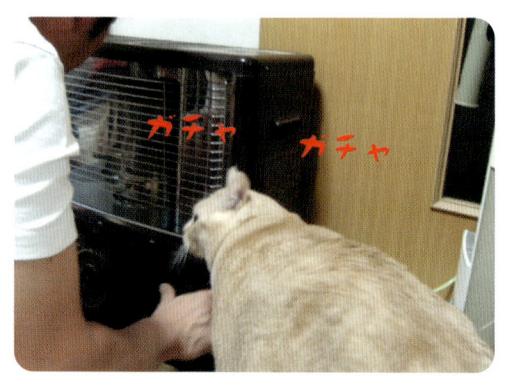

ニャ「お、おい、大丈夫か？カバーを外してるけども‥‥」

2006年11月8日(水)

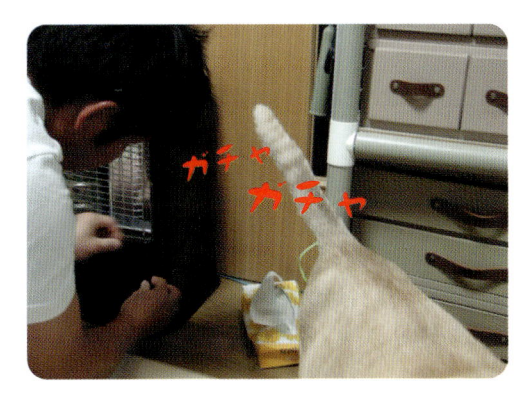

旦那「大丈夫、大丈夫」
ニャ「そ、そうか‥‥それやったらええわ。」

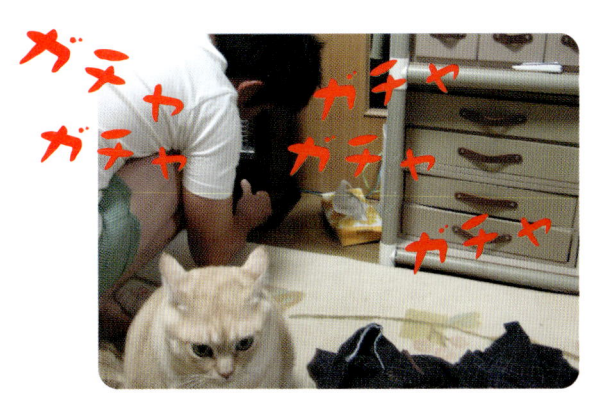

旦那「あ、あれ？おかしいなぁ」
ニャ「ホンマ、今日中に火を付けれるんか？」
私　「まだ灯油は買ってませんよ？」
ニャ「‥‥‥‥」

お怒りモードなワケ

> おい、ねぇ～ちゃん……
> 何か忘れてる事ないか？

私　「急にどした？ハードボイルドな顔しちゃってさぁ」
ニャ「ワシはな……」
私　「ん？」

ニャ「**ワシは怒っとんのじゃあぁぁぁぁ**」
私　「イテテテ、つ、爪が食い込んで、力みすぎー」
ニャ「アレ……アレはどないなってるんや！？」
私　「はて、アレって何？」

2006年11月14日(火)

ニャ「とぼけんじゃねぇぇぇぇぇぇ！！！！」
私　「ひぃぃぃ」
ニャ「ストーブ！ストーブは、どないなってるんや！」

ニャ「ワ、ワシ……ずっと待ってんねんぞ！楽しみにしてんねんぞ……」
私　「はぁ」
ニャ「そんなワシの気持ちを踏みにじる気かっ？」
私　「そんな大げさなぁ～。それに……」

私　「それに灯油を買って来たから明日から使えますよ♪」
ニャ「ホ、ホンマか！嬉しいなぁ～、さっきは怒鳴ってスマンかったな」

完

ドラマ【仁義なきストーブの戦い】でしたぁ。ジャンジャン

座椅子争奪戦

私、座椅子に座ってたんです。
用事で少しの間、座椅子から離れていたら……。

やられたね、
ほんのちょびっと離れただけなのにさ、
戻ってみたらこの通りですよ。
何食わぬ顔してチョコンと座るおっさん。
ずっとスキを狙ってたんでしょうなぁ。

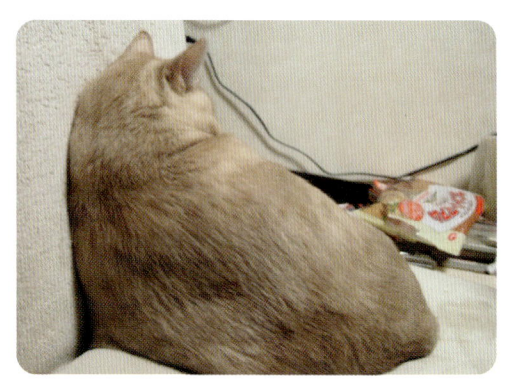

しかしさぁ、完璧に背もたれにもたれ掛かってるよねぇ。
使いこなしてるよねぇ。
おめぇ……ホントに猫か？

2006年11月15日(水)

どっかのマフィアの親分みたい。
そんでもってうさん臭さも醸し出してますな。

旦那

お腹のぜい肉が鏡餅のように足に被さっております。

旦那

誰が砂糖醤油もってきて〜。

このブサイクな顔もスキなんだよね♪
ごっつぁんです！

マタタビ中毒

ほ〜ら！
おめぇの好きな
マタタビだぞぉ♪

これが欲しいかっ！
ほれほれ

あぁ〜取られちった。
器用に持っております
なぁ。

2006年12月7日(木)

堪能した後はお決まりの……。

三角関係？

旦那の膝の上で寝ております。

私の上で寝るときはお尻を向けて寝るクセに……。
旦那の上では顔を向けちゃってさぁ。

ちらっ

むきぃぃぃぃ～！！
ビビック、嫉妬に燃えるのであった……。

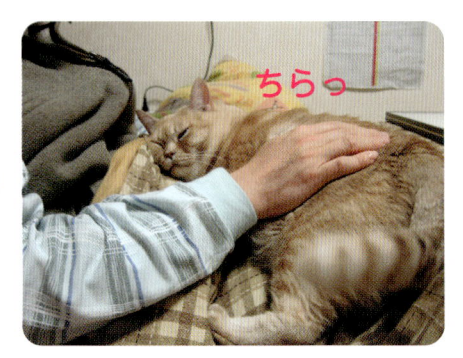

2006年12月13日(水)

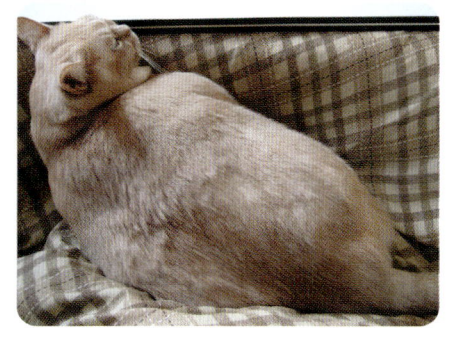

私の上で寝るときは
この通りですよ。
バッチリお尻を向け
ちゃってさぁ。

何でさっ!?
その可愛い寝顔を見
せておくれよぉ。
なっ？

……。
首が直角になってん
だぞっ!!

はじめてのお散歩 ―出逢ったあの場所へ

私 「では行きましょうかね」
ニャ「せ、せやな‥‥」
　　　　ドキドキ
私 「シッポがエライことになってますな」

私 「このビニールハウス覚えてるかい?」
ニャ「そう言えば‥‥」
私 「当時はすぐ肩に乗ってきてさ、困ったおっさんでしたよ。
ほら、証拠写真だって。」 ➡
　　　　　　　　ニヤッ
ニャ「わわわぁー」

旦那

「ごめんください」　「おじゃまします」　「誰か住んでるで、覗(のぞ)いてみ!」

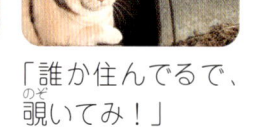

　　　私「うそつけっ!」

2007年1月22日(月)

よっこらしょ

ニャ 「おっ！この畑は」
私　「そうそう、初めて出会った場所ですよ」

じ〜

私　「ん？どしたの？」

ニャ 「そろそろ、
ウチに帰ろか」
私　「だね」

あとがき

生活感ありすぎの散らかり放題な部屋。
汚れが目立つキャラクターモノのコタツ布団と、
主役のニャン吉が目立たないこれまた汚れたベージュの絨毯。
たまにチラリと写り込んでくるTシャツ&パンツ旦那。
横たわるニャン吉‥‥。

こんなことなら、せめて小綺麗に掃除しておけば良かったか？
と後悔したり、
乱雑な部屋とまん丸な瞳のニャン吉とのギャップが良いんだっ！
と言い訳してみたり‥‥。
でもきっと、デブ猫ニャン吉が時折見せる俊敏な動き、
お腹を揺らしながら廊下の角を曲がる時の華麗なドリフトなど、
他の猫ちゃんが普通にやってのける事でもデブ猫がすると、
何だか笑っちゃう、それがニャン吉の面白さなんでしょうね
（お得なヤツ）。

それともう一つ忘れてならない癒しパワー。
気持ちよさそうな寝顔、優しい寝息、うるさいイビキ‥‥。
ニャン吉の仕事中(睡眠中)には、
"体からマイナスイオンが出てるんじゃねぇか!?"
と感じる時も。

そんな笑いと癒しを一度に味わえる一冊として、
一人で、大勢で、そして色んな場所で、
楽しんでいただけたら幸いです。
最後まで読んでくださってどうもありがとうございます。

2007年5月23日
著者　ビビック

気が付けば
デブ猫
ニャン吉のぐ～たら日記

2007年6月11日　初版1刷発行
2007年7月20日　　第2刷発行

写真・文・構成　ビビック

発行者　　　　片岡一成

まんが　　　　竹内まゆ美

装丁・デザイン　出口城(Gram)

製本・印刷　　株式会社　シナノ

発行所　　株式会社　恒星社厚生閣
　　　　　〒160-0008　東京都新宿区三栄町8
　　　　　TEL:03(3359)7371/FAX:03(3359)7375
　　　　　http://www.kouseisha.com/

落丁本、乱丁本は小社にてお取り替えいたします。
本書の無断転写・複製を禁じます。
定価はカバーに表示

ISBN978-4-7699-1064-0 C0076